Santo Armenia

Riflessioni storiche della Fisica:

da Archimede, …, Einstein a oggi.

Prefazione di
Carmelo Vindigni

Alla mia famiglia: a mia figlia Gabriella, a mio figlio Pietro, a mia figlia Marta che piccola non è più e a mia moglie Marinella.

A Carmelo Vindigni.

I edizione: settembre 2019

Indice

Prefazione

di CARMELO VINDIGNI

Per questo 4° libro, che tu stesso presenti come "Questa è la quarta opera di una tetralogia, ora voluta, che nasce dalla ricerca della Verità.", hai voluto che fossi ancora io l'autore della Prefazione.

Con rinnovato vigore ed orgoglio, proseguo nel compito che mi hai affidato.

Auscultando la tua conchiglia, Odisseo hai intrapreso il tuo viaggio storico della Conoscenza. Hai osservato e visto che nonostante il progredire, di fatto, l'errore di Archimede, di Stevino e di Galileo, dovuto alla loro limitata conoscenza istintiva, è stato successivamente mantenuto ed aggravato dagli altri: Newton, Lagrange, Einstein e dalla Comunità Scientifica.

Dal tuo incessante remare e vangare, culminati nella tua "*nuova marcia del sale*", che possa iniziare un necessario confronto scientifico per proseguire nel cammino della Conoscenza, superando finalmente l'errore millenario di *ritenere la gravezza dei corpi immutabile*.

Hai già preannunciato il tuo 5° lavoro, anche su nuovi fronti, e non pago di navigare e vangare vuoi ora anche volare?

Che Dedalo e Prometeo ti siano compagni.

Presentazione dell'autore

Questa è la quarta opera di una tetralogia, ora voluta, che nasce dalla ricerca della Verità.
Il primo lavoro è:

GALILEI E EINSTEIN

Riflessioni sulla teoria della relatività generale

La caduta libera dei gravi

La forma dei corpi solidi

Il secondo lavoro è:

ARCHIMEDE

Riflessioni sul principio dei corpi galleggianti

La forma dei corpi solidi

Il terzo lavoro è:

ARCHIMEDE – GALILEI – NEWTON - EINSTEIN

La forma dei corpi solidi

La forma dei contenitori dei fluidi

Disvelazione - Epifania

Gli esperimenti riportati sono visionabili con youtube: armenia santo o tramite il mio sito www.armeniasanto.it

Introduzione

Da sempre i filosofi naturali avevano ritenuto la gravezza dei corpi immutabile.

Euclide ha costruito la sua geometria basandosi sugli enti fondamentali (punto, retta e piano) e sui postulati. Uno per tutti: per due punti passa una ed una sola retta. La geometria è una costruzione mentale dell'uomo che in natura non esiste.

Archimede ha sviluppato i sui studi in due campi:
1 – quello della geometria;
2 – quello della natura.

Il campo della geometria comprende il calcolo del perimetro delle figure piane, il calcolo della superficie delle figure piane, il calcolo del volume delle figure solide, la determinazione del baricentro delle figure piane e solide, etc.

Il campo della natura comprende l'equilibrio dei corpi, lo studio del fenomeno del galleggiamento, etc.

Archimede, in forza del principio di ragion sufficiente o per conoscenza istintiva, ha sviluppato i sui studi sulla natura basandosi su postulati.

La Fisica moderna e contemporanea (classica, relativistica e quantistica), da Galilei a oggi, nonostante la definizione di voler essere sperimentale, continua a basarsi su postulati, costruendo teorie su teorie.

Nel corso del presente studio sarà evidenziato come l'errore millenario, derivante dal postulato di ritenere la gravezza dei corpi immutabile, nonostante fosse stato superato dalla legge di attrazione gravitazionale universale di Newton, in base alla quale la gravezza (peso) dei corpi varia con la loro posizione (variazione della distanza dal centro della terra), di fatto permane e col passare dei secoli si aggrava sempre più.

Tale errore millenario, oggi ne comprende tre:

1 – lo stesso Newton ha ritenuto non variabile il peso dei corpi in relazione alla loro forma;

2 – quarant'anni fa circa la Comunità Scientifica ha stabilito che con le bilance (a bracci uguali, analogiche e digitali) non si misura più il peso ma la massa dei corpi;

3 – dal 20 maggio 2019 la Comunità Scientifica, in occasione delle nuove definizioni delle grandezze fondamentali, in relazione al kg massa non ha fissato per il campione di riferimento né la materia e né la forma costituente.

Quando sarà di dominio pubblico la conoscenza dettagliata della bilancia di Kebble, utilizzata per la nuova definizione del kg massa, si saprà se c'è o no un quarto errore, a secondo che il sistema sia o no di forma regolare (se di forma regolare lo è solo per caso e non per scelta cosciente).

L'epoca storica è divisa in tre periodi:

1 – antico, da Archimede a Galilei;

2 – moderno, da Newton a Loránd Eötvös;

3 – contemporaneo da Einstein a oggi.

Dalla ricerca storica del presente lavoro, sono scaturiti nuovi approfondimenti su:

a) studio dei corpi galleggianti;

b) studio dei corpi appesi - ruotanti.

Cap.I Concetti generali

1.1 Peso, gravezza, massa, forza di gravità

Prima di Newton non c'era il concetto di massa e né quello di forza di attrazione gravitazionale. Pertanto da Archimede a Galilei si fa riferimento a corpi, chiamati anche pesi, costituiti da una determinata quantità di materia, aventi una peculiare gravezza; per l'esperienza accumulata, tale gravezza era ritenuta immutabile, invariabile, costante.

Newton introduce il concetto di massa e formula la legge di attrazione gravitazionale universale; inoltre viene definito il peso di un corpo come la forza di attrazione gravitazionale che la terra esercita nei confronti di quel corpo considerato avente una data massa (non distinguiamo tra massa inerziale e massa gravitazionale). La forza di attrazione gravitazionale che si esercita tra due corpi è inversamente proporzionale al quadrato della loro distanza. Pertanto da Newton a oggi ci si riferisce a corpi che hanno una data massa e il corrispondente peso. Ciascun corpo ha una data massa che è invariabile, mentre il suo peso varia in relazione alle sue coordinate geografiche: latitudine, longitudine e altitudine. Se un corpo viene portato sulla luna, o viceversa, la sua massa non varia; invece, il suo peso varia.

Dal confronto dei concetti richiamati scaturisce che:

a) il termine peso, utilizzato prima da Archimede e dopo fino a oggi, si riferisce a due concetti diversi, prima quantità di materia (che non varia), poi forza di attrazione gravitazionale (che varia);

b) il termine antico gravezza (ritenuta prima immutabile) si ricollega alla forza di attrazione gravitazionale (dopo, che si sa essere variabile);
c) il termine antico gravezza, già dallo stesso Galilei viene chiamato gravità ma sempre ritenuta immutabile; nel proseguo del presente lavoro, al fine di evitare confusione, in riferimento agli studiosi antecedenti a Newton, userò sempre e solo il termine gravezza.

1.2 Baricentro, centro di gravezza, centro di gravità, centro di massa

Il baricentro è un punto notevole delle figure geometriche; esso è valido per tutti i periodi.

Il centro di gravezza, in riferimento al periodo antico (da Archimede a Galilei), la cui definizione anche se formulata in modo leggermente diversa da ciascun autore (Archimede, Pappo, Stevino), è un punto notevole del corpo tale che pensando di appenderlo per esso, il corpo resta in equilibrio.

Il centro di gravità, in riferimento al periodo moderno e contemporaneo, è il punto di applicazione della forza di attrazione gravitazionale (peso) risultante; esso è detto anche baricentro.

Il centro di massa, in riferimento al periodo moderno e contemporaneo, è quel punto tale che il momento statico in riferimento a qualsiasi asse passante per esso è nullo. Nel caso particolare di distribuzione uniforme di massa, il centro di massa coincide con il baricentro geometrico della figura di riferimento; pertanto l'asse di riferimento è detto asse baricentrico.

Nel periodo antico, in considerazione del fatto che la gravezza era ritenuta immutabile , il centro di gravezza coincideva con il baricentro geometrico.

Nel caso particolare di distribuzione uniforme di massa, evidenzio che il centro di massa coincide con quello che era il centro di gravezza.

Nel periodo moderno e contemporaneo, pur sapendo che la forza di attrazione gravitazionale (peso) risultante del corpo considerato è variabile, come si è potuto chiamare il centro di gravità o "baricentro"? Inoltre come si è potuto ritenere il centro di massa coincidente con il centro di gravità?

Il centro di massa coincide con il baricentro geometrico, solo nel caso particolare di distribuzione uniforme di massa.

Trattando per semplicità solo il caso particolare di distribuzione uniforme di massa, anche in presenza di simmetria, il centro di gravità non coincide mai con il centro di massa. Il caso più emblematico è quello del cerchio; per esso il centro di massa coincide con il centro del cerchio, ma il centro di gravità è posto al di sotto e pertanto non può essere il baricentro.

Il valore della distanza tra il centro di gravità e il centro di massa è massimo sulla superficie terrestre, diminuendo con l'altitudine. Inoltre, esso aumenta:

a) all'aumentare della massa;
b) al diminuire della densità;
c) con la forma, man mano aumentando dalla sfera, al cilindro equilatero e al cubo.

Tutto questo è la conseguenza degli effetti della mia scoperta scientifica: "*La forma dei corpi solidi*".

L'Amore per la Ricerca della Verità per la Conoscenza", prescindendo da "*La forma dei corpi solidi*", mi ha condotto ancora a nuovi approfondimenti su:

a) studio dei corpi galleggianti;
b) studio dei corpi appesi - ruotanti.

Cap.II Scoperta scientifica

2 La forma dei corpi solidi

Newton ha formulato la legge di attrazione gravitazionale universale riferendosi ai corpi come punti materiali: questo modello è quello adottato fino a oggi.

Con questa impostazione, volendo calcolare il peso di tanti corpi (stessa massa, stessa materia e forma diversa; stessa massa, materia diversa e stessa forma; masse diverse, stessa materia o materia diversa, stessa forma o forma diversa) tutti posti sulla superficie terrestre o su un piano di riferimento (ad esempio piano della bilancia), attualmente, dalla Fisica essi sono considerati tutti con la stessa distanza nulla sia dalla superficie terrestre che dal piano di riferimento. Da ciò ne scaturisce che i corpi che hanno la stessa massa (a prescindere sia dalla materia che dalla forma) devono avere lo stesso peso. Inoltre, i corpi che hanno masse diverse (a prescindere sia dalla materia che dalla forma), quindi proporzionali, devono avere pesi proporzionali.

Tutti, da Archimede fino a Galilei, in forza del postulato dell'immutabilità della gravezza, hanno sostenuto questo.

Cosa strana, così è sostenuto dopo da tutti, da Newton fino a oggi, pur sapendo che la forza di attrazione gravitazionale è variabile con l'altitudine.

Animato dall'Amore della Ricerca della Verità per la Conoscenza, in forza dell'Arte di Socrate, ho manifestato che tutti i corpi non potevano essere considerati allo stesso modo come semplici punti materiali. Tutti i corpi, invece, dovevano essere evidenziati ciascuno con la propria distanza del centro di massa dalla superficie terrestre o dal piano di riferimento: *la natura di questo ne tiene conto*.

Questa è la mia scoperta scientifica:

La forma dei corpi solidi.

La Legge Fisica è la seguente:

In tutti i fenomeni naturali che si osservano, in tutti gli esperimenti che si eseguono, in presenza dell'attrazione gravitazionale universale, necessita considerare la forma dei corpi solidi.

La valenza di legge per la mia scoperta scientifica deriva da due motivi:

1) è la conseguenza analitica della corretta applicazione della vigente legge di attrazione gravitazionale di Newton, da un lato continuando a fare riferimento, come tutti, al punto materiale, ma dall'altro considerando per ciascun corpo la sua distanza del centro di massa dalla superficie terrestre o dal piano di riferimento, così caratterizzando per ogni corpo la sua realtà, "*materia e forma*"; in tal modo si ottiene un comportamento più prossimo alla natura; questo aspetto attualmente dalla Fisica non è considerato;
2) aspetto ancora più importante, è confermata dagli esperimenti eseguiti relativi:
    a) alla pesatura dei corpi con diverse posizioni sul piano della bilancia;
    b) immersione dei corpi in acqua con diverse posizioni.

L'importanza di questa scoperta scientifica è duplice:

1) analitica, perché, in conseguenza, deve essere integrata e corretta la legge di Newton sulla forza di attrazione gravitazionale universale;
2) sperimentale, perché si vede l'effetto (variazione del peso al variare della posa del corpo sul piano della bilancia) con le misure eseguite anche con bilance comuni (figurarsi con quelle molto più sensibili da laboratorio).

Archimede, con le sue bilance, questo effetto se cercato, lo poteva vedere?

Sempre animato dall'Amore della Ricerca della Verità per la Conoscenza, aspetto importante, questo effetto l'ho visto anche in acqua "*bilancia naturale*" con gli esperimenti relativi al fenomeno del galleggiamento, constatando che per quei corpi la cui pesantezza (densità) è prossima a quella dell'acqua, il loro stato (galleggiamento, sospensione, affondamento) cambia al variare della loro forma (forma gravitazionale che varia pur non cambiando la forma geometrica) con cui sono posti in acqua.

Archimede, con il suo modello teorico, questo effetto se cercato, lo poteva vedere?...No!
Senza esperimenti, in presenza di un modello teorico, avendo come presupposto il postulato dell'immutabilità della gravezza, è impossibile.
Archimede per vederlo doveva sperimentare.
Archimede ha sperimentato?
Archimede ha sperimentato e non l'ha visto?

Questo non lo potremo mai sapere.

Perchè questo effetto, anche dopo, da Stevino, Galilei a oggi non lo vede nessuno? ... Eppure tanti, Stevino e Galilei compresi, hanno sperimentato e continuano a sperimentare.

In passato, è possibile che qualcuno ha sperimentato e non l'ha visto?

Questo non lo potremo mai sapere.

Eppure la storia dell'uovo che va a fondo se fresco e che galleggia se scaduto, la sanno in tanti.

Io, che prima non la conoscevo, quando l'anno scorso ne sono venuto a conoscenza tramite Youtube, sono rimasto allibito. Come è possibile che di questo fatto sperimentale non se ne era mai tenuto conto?

Col passare del tempo, o subito appesantendo l'acqua con sale, l'uovo fresco da corpo affondato prima di arrivare a corpo galleggiante, passa in tutte le infinite posizioni di equilibrio stabile "*reale*" e non per l'unica di equilibrio indifferente "*modello teorico*", a qualsiasi profondità.

L'effetto de "*La forma dei corpi solidi*", al più presto, deve essere visto da tutti: dai bambini agli anziani. Tramite questa nuova corretta visione deve cambiare il modo di vedere e di sentire comune, per continuare nell'Amore della Ricerca della Verità per la Conoscenza.

Cap.III Antico da Archimede a Galilei

3.1 Archimede

Archimede i suoi studi sulla natura, comprendenti due campi, quello sull'equilibrio dei corpi e quello sui corpi galleggianti, li ha condotti tenendoli separati.

3.1.1 *Equilibrio dei corpi*

Lo studio della leva, dell'equilibrio dei corpi appoggiati e dei corpi sospesi (meglio dire corpi appesi), da Archimede, sono stati condotti con i postulati:

a) la gravezza dei corpi è immutabile;
b) le direzioni delle gravezze dei corpi (verticali) sono rette parallele.

3.1.2 *Sui corpi galleggianti*

Lo studio sui corpi galleggianti, da Archimede, è stato condotto con il postulato:
"Sia dato un liquido di tali proprietà che delle sue porzioni contigue ed egualmente disposte, la meno compressa sia spinta dalla più compressa e che ciascuna delle sue parti si trovi compressa secondo la relativa perpendicolare dal liquido posto sopra, a condizione che il liquido stesso non sia ricompreso in qualcosa e compresso da qualcos'altro".

Per cui ha dimostrato le prime due preposizioni:

- preposizione I - "*Se una qualsiasi superficie è tagliata da un piano per un punto che resta sempre lo stesso generando una circonferenza ed avendo centro sempre nello stesso punto per cui il piano è tagliato, la superficie ottenuta sarà quella di una sfera";*

- preposizione II - *"Ogni liquido supposto immoto ed in quiete, assumerà la forma di una sfera con centro in quello della Terra".*

Ne consegue che la direzione della gravezza dei corpi, la verticale, è radiale.

3.1.3 *Confronto tra i due studi*

Dal confronto tra i due studi, separati l'uno rispetto all'altro, ne consegue che:
a) la gravezza dei corpi è sempre immutabile;
b) le direzioni delle gravezze (le verticali) dei corpi sono una prima volta rette parallele (per l'*equilibrio dei corpi*) ed una seconda volta rette radiali (per *i corpi galleggianti*).

3.1.3.1 *La leva*

Il postulato relativo alla leva è: *due corpi a simmetria bilaterale sono in equilibrio*.

Questo postulato, avente come presupposto i due precedenti postulati (la gravezza dei corpi è immutabile; le direzioni delle gravezze dei corpi sono rette parallele), condiviso da tutti fino a oggi, non può più essere ritenuto valido per due motivi:
a) era già contrastante in sé per le direzioni delle verticali; un conto è utilizzarlo per fini pratici, tutt'altro conto è utilizzarlo oggi per fini didattici e teorici scientifici;
b) è caduto il postulato "la gravezza dei corpi è immutabile".

Lo studio dettagliato è quello già formulato nel precedente 3° lavoro.

3.1.3.2 *Corpi appoggiati*

Lo studio dell'equilibrio dei corpi appoggiati di equilibrio stabile (esempio di corpo posto sul vertice di parabola con concavità verso l'alto: il corpo allontanato dal vertice vi ritorna), di equilibrio instabile (esempio di corpo posto sul vertice di parabola con concavità verso il basso: il corpo allontanato dal vertice se ne allontana sempre più) e di equilibrio indifferente (corpo posto su un piano orizzontale: il corpo spostato rimane in qualsiasi posizione), condiviso da tutti fino a oggi, può restare valido solo in relazione all'equilibrio stabile e all'equilibrio instabile.

L'equilibrio indifferente, invece, in natura non esiste. Infatti, a causa della direzione radiale della verticale, la forza peso va scomposta secondo due componenti:

a) la prima ortogonale al piano orizzontale d'appoggio che non ha nessun effetto perché viene equilibrata dalla reazione vincolare;
b) la seconda parallela al piano orizzontale d'appoggio che per avere verso diretto nella posizione iniziale, determina di conseguenza le condizioni di equilibrio stabile.

Introducendo un concetto nuovo per l'equilibrio stabile, "*grado di stabilità dei corpi appoggiati*", si ha:

a) grado massimo per spostamento su piano verticale verso l'alto;
b) grado intermedio per spostamento su piano inclinato verso l'alto;
c) grado minimo per spostamento su piano orizzontale.

La forma dei corpi solidi ha la sua influenza.

Fissata la massa del corpo e lo spostamento verticale "h" del centro di massa, la forma che determina il valore massimo del "*grado di stabilità dei corpi appoggiati*" è, nell'ordine decrescente, la cubica, di cilindro equilatero e la sferica; questo perché per i loro pesi si ha:

$$P_{cubo} > P_{cilindro\ equilatero} > P_{sfera}.$$

Analogamente, introducendo un concetto nuovo per l'equilibrio instabile, "*grado di instabilità dei corpi appoggiati*", si ha:

a) grado massimo per spostamento che causa la caduta libera verticale;
b) grado intermedio per spostamento su piano inclinato verso il basso, con valore decrescente tendente a zero quando il piano inclinato tende al piano orizzontale.

La forma dei corpi solidi ha la sua influenza.
Fissata la massa del corpo e lo spostamento verticale "h" del centro di massa, la forma che determina il valore massimo del "*grado di instabilità dei corpi appoggiati*" è, nell'ordine decrescente, la cubica, di cilindro equilatero e la sferica; questo perché per i loro pesi si ha:

$$P_{cubo} > P_{cilindro\ equilatero} > P_{sfera}.$$

3.1.3.3 C*orpi appesi*

Lo studio dell'equilibrio dei corpi appesi di equilibrio stabile (punto di sospensione "appensione" posto al di sopra del centro di gravezza che abbiamo visto essere coincidente con il centro di massa: il corpo fatto ruotare ritorna nella posizione iniziale), di equilibrio instabile (punto di sospensione "appensione" posto al di sotto del centro di gravezza che abbiamo visto essere coincidente con il centro di massa: il corpo fatto ruotare se ne allontana sempre più) e di equilibrio indifferente (punto di sospensione "appensione" posto nel centro di gravezza che abbiamo visto essere coincidente con il centro di massa: il corpo ruotato rimane in qualsiasi posizione), condiviso da tutti fino a oggi, può restare valido solo in relazione all'equilibrio stabile e all'equilibrio instabile.

L'equilibrio indifferente, invece, in natura non esiste; a causa della direzione radiale della verticale, ma soprattutto perché la forza di attrazione gravitazionale varia. Abbiamo visto che il centro di gravità non coincide con il centro di massa; pertanto la forza peso dà origine ad un momento rispetto al centro di massa, per cui il corpo non può restare in qualsiasi posizione.

Lo studio dettagliato del moto di un corpo libero di ruotare attorno al suo centro di massa sarà eseguito nel proseguo di un altro lavoro.

Ora anticipo solo che intuitivamente ho visto che lo studio può fondarsi su quello della "*geometria delle masse*", in riferimento ai due momenti principali d'inerzia. Anche per questo studio si può introdurre un concetto nuovo per l'equilibrio stabile, "*grado di stabilità dei corpi appesi*" e per l'equilibrio instabile, "*grado di instabilità dei corpi appesi*".

3.1.3.4 *Corpi galleggianti*

Nel corso dei secoli, lo studio dei corpi galleggianti è stato fatto da tanti, in particolare da Stevino e da Galilei i cui risultati sono quelli oggi vigenti; invece, storicamente c'è la convinzione che le conclusioni di Archimede siano rimaste immutate, nonché coincidenti con quelle di Stevino e di Galilei.

Per completezza e per il confronto storico riporto altre preposizioni dello studio di Archimede:

- preposizione III - "*Corpi solidi dello stesso peso del liquido, se immersi in questo, s'immergeranno senza discendere in alcuna loro parte sotto la superficie del liquido, né precipiteranno sul fondo";*

- preposizione IV - *"Di corpi solidi, quello più leggero del liquido ed in questo rilasciato, non precipiterà interamente ma una sua parte emergerà sulla superficie del liquido";*

- preposizione V - *"Di corpi solidi, quello più leggero del liquido, se in questo rilasciato, s'immergerà in misura tale da aversi corrispondenza fra il volume del liquido, per la parte del solido immersa, e l'intero peso del corpo solido";*

- preposizione VI - *"Corpi solidi più leggeri del liquido, spinti a forza in questo, sono condotti in alto con un'intensità proporzionale al loro volume, se il liquido di volume eguale al solido è più pesante del solido stesso";*

- preposizione VII - *"Solidi più pesanti del liquido in questo rilasciati, saranno condotti in basso verso il fondo, ed il loro peso nel liquido diminuirà di una quantità corrispondente al liquido spostato per un volume eguale a quello del solido";*

Questo modello teorico e successivamente quelli di Stevino e Galilei , vanno rivisti alla luce dei miei esperimenti.

Per la leva il relativo postulato "*due corpi a simmetria bilaterale sono in equilibrio*", anche se erroneamente, è derivato dall'esperienza "*conoscenza istintiva*", per lo studio dei corpi galleggianti il modello teorico adottato da quale esperienza è derivato?

Tra l'altro esso è incompleto e contraddittorio, in particolare:

1° OSSERVAZIONE-DOMANDA

Ma a cosa servono le conclusioni delle preposizioni del modello teorico (sfera liquida in quiete) se le caratteristiche della terra sono completamente diverse da quelle di tale modello teorico?

2° OSSERVAZIONE-DOMANDA

Ma se il modello teorico è una “sfera liquida in quiete”, chi è il fondo di tale “sfera liquida in quiete”?

3° OSSERVAZIONE-DOMANDA

In riferimento alla preposizione VII, i solidi più pesanti del liquido, ma diversamente pesanti tra di loro, in questo rilasciati, verso quale fondo saranno condotti; il peso di tali solidi in che misura diminuirà, avendo considerato il liquido diversamente compresso?

4° OSSERVAZIONE-DOMANDA

Perché dall’analisi della preposizione VI, quando la differenza tra la spinta di Archimede e il peso del corpo si annulla, è mancata l’ovvia conclusione di una delle infinite possibili condizioni di equilibrio stabile al di sotto del pelo libero del liquido: “*Corpo sospeso in acqua*”? Il modello teorico non poteva prevedere tale stato?

5° OSSERVAZIONE-DOMANDA

Gli enunciati delle preposizioni III, IV, V, VI e VII sono stati fatti in riferimento a “qualsiasi corpo solido”, quindi senza considerare la sua forma; la loro dimostrazione però è stata fatta in riferimento alla “piramide” che è una forma a simmetria verticale.

Pertanto, in ogni caso, con i limiti di un modello teorico, la loro dimostrazione che validità generale potrebbe mai avere?

6° OSSERVAZIONE-DOMANDA

Perché le preposizioni del modello teorico dovrebbero valere anche per i casi di liquidi contenuti in recipienti, quando nel suo postulato è stato espressamente previsto "*... a condizione che il liquido stesso non sia ricompreso in qualcosa e compresso da qualcos'altro*"?

3.1.4 *Conclusioni*

Per la conoscenza della natura gli esperimenti sono imprescindibili. Archimede ha sviluppato i suoi studi con modelli teorici derivanti da postulato, senza esperimenti, così facendo nascere errori. Per la sua epoca l'entità di tali errori, pur con l'indeterminatezza del comportamento dei corpi al di sotto del pelo libero dell'acqua, ma senza toccare il fondo, comunque, rappresentava una buona approssimazione pratica.

Come vedremo in proseguo, durante i secoli successivi, tutti gli altri scienziati, sopra questi errori, hanno istituito nuovi principi (Galilei il principio d'inerzia) e costruito nuove teorie (Einstein la teoria della relatività generale), aggiungendo nuovi errori su errori fino a oggi.

Nonostante il progresso tecnologico e scientifico, più di due millenni è come se fossero passati invano: ancora si confonde e si scambia il peso del corpo con la sua massa, commettendo errori su errori sempre più gravi.

3.2 Stevino

Stevino, anche lui, i suoi studi sulla natura, comprendenti due campi, quello sull'equilibrio dei corpi e quello sui corpi galleggianti, li ha condotti tenendoli separati.

3.2.1 *Equilibrio dei corpi*

Lo studio della leva, dell'equilibrio dei corpi appoggiati e dei corpi sospesi (ripeto, meglio dire corpi appesi), da Stevino, sono stati condotti con i postulati:

a) la gravezza dei corpi è immutabile;
b) le direzioni delle gravezze dei corpi (verticali) sono rette parallele.

3.2.2 *Sui corpi galleggianti*

Lo studio sui corpi galleggianti, da Stevino, è stato condotto ritenendo i liquidi incomprimibili, aventi gravezza specifica uniforme.

Le direzioni delle gravezze dei corpi, le verticali, sono sempre rette parallele.

3.2.3 *Confronto tra i due studi*

Dal confronto tra i due studi, separati l'uno rispetto all'altro, ne consegue che:

a) la gravezza dei corpi è sempre immutabile;
b) le direzioni delle gravezze (le verticali) dei corpi sono sempre rette parallele.

3.2.3.1 *La leva*

Stevino il primo postulato di Archimede relativo alla leva "*due corpi a simmetria bilaterale sono in equilibrio*" lo mantiene. Invece, quello relativo alla seconda parte della leva stessa "*si ha equilibrio anche quando i corpi sono inversamente proporzionali ai rispettivi bracci*" non lo accetta e lo dimostra.

Questa scelta di Stevino, di non accettare il postulato relativo alla seconda parte della leva, ed invece di dimostrarlo, è palesemente una critica nei confronti di Archimede che imposta i suoi studi su postulati.

Questo comportamento di Stevino, però, manifesta una profonda contraddizione maieutica; lui dimostra la seconda parte della leva sempre in forza del primo postulato.

Come già per Archimede, ora anche per Stevino, il primo postulato e la dimostrazione della seconda parte della leva, aventi come presupposto i due precedenti postulati (la gravezza dei corpi è immutabile; le direzioni delle gravezze dei corpi sono rette parallele), condiviso da tutti fino a oggi, non può più essere ritenuto valido per due motivi:

a) come per Archimede, era già contrastante in sé per le direzioni delle verticali; un conto è utilizzarlo per fini pratici, tutt'altro conto è utilizzarlo oggi per fini didattici e teorici scientifici;
b) è caduto il postulato "la gravezza dei corpi è immutabile".

Come già detto, lo studio dettagliato è quello formulato nel precedente 3° lavoro.

3.2.3.2 *Corpi appoggiati*

Valgono gli stessi argomenti già riportati per Archimede.

3.2.3.3 *Corpi appesi*

Valgono gli stessi argomenti già riportati per Archimede.

3.2.3.4 *Corpi galleggianti*

Stevino lo studio dei corpi galleggianti lo ha condotto, sempre come modello teorico, ipotizzando un liquido incomprimibile, avente gravezza specifica uniforme, contenuto in un recipiente, ove ipotizza un "*vaso superficiale*" per poter sostituire il liquido contenuto in questo "*vaso superficiale*" con un qualsiasi corpo.

Dal confronto delle due gravezze specifiche, quella del liquido (gr_l) e quella del corpo considerato (gr_c), dimostra i tre possibili stati:

a) $\mathbf{gr_l > gr_c}$ corpo in stato di galleggiamento (corpo parte nel liquido e parte in aria);
b) $\mathbf{gr_l < gr_c}$ corpo affondato (corpo interamente sul fondo);
c) $\mathbf{gr_l = gr_c}$ corpo in stato di equilibrio indifferente (corpo al di sotto della superficie libera del liquido, a qualsiasi profondità, senza toccare il fondo).

Lo stato di galleggiamento ($\mathbf{gr_l > gr_c}$) e quello di corpo affondato ($\mathbf{gr_l < gr_c}$) quotidianamente lo sperimentano tutti: questi principi teorici concordano con quelli della natura.

Lo stato di equilibrio indifferente ($\mathbf{gr_l = gr_c}$) "corpo al di sotto della superficie libera del liquido, *a qualsiasi profondità*, senza toccare il fondo", invece, è in contrasto con il principio teorico formulato da Archimede che non prevedeva la possibilità per il corpo di poter essere "*a qualsiasi profondità*".

Per comodità di lettura riporto la preposizione III di Archimede:
- preposizione III - "*Corpi solidi dello stesso peso del liquido, se immersi in questo, s'immergeranno senza discendere in alcuna loro parte sotto la superficie del liquido, né precipiteranno sul fondo*".

Questo contrasto (come vedremo si ripeterà anche con Galilei) è di importanza storica perché finora come accademicamente riportato nei libri di testo (alcuni con la formulazione di Stevino e altri con la formulazione di Galilei), nessuno lo aveva visto.

E ancora, la previsione teorica di equilibrio indifferente di Stevino e di Galilei non è stata mai confermata da nessun esperimento.

Nel mio 2° e 3° lavoro ho fatto vedere che la preposizione III di Archimede è corretta ma incompleta, perché non prevedeva le altre infinite posizioni di equilibrio a qualsiasi profondità; invece, la formulazione di Stevino e di Galilei è sbagliata.

L'errore di Stevino è la conseguenza di un postulato errato, quello di aver considerato i liquidi con "*gravezza specifica uniforme*".

I miei esperimenti in acqua mostrano che la densità dei liquidi non è costante, ma aumenta con la profondità. Inoltre, nel mio 3° lavoro ho evidenziato analiticamente che essa dipende anche dalla forma dei contenitori; per la conseguente verifica sperimentale necessitano contenitori di uso non corrente.

Uno studio dettagliato sui corpi galleggianti, mirato allo stato di galleggiamento e a quello di corpo sospeso in acqua, sarà eseguito nel prosieguo di un altro lavoro.

3.3 Galilei

Galilei, come Stevino, anche lui, i suoi studi sulla natura, comprendenti due campi, quello sull'equilibrio dei corpi e quello sui corpi galleggianti, li ha condotti tenendoli separati.

3.3.1 *Equilibrio dei corpi*

Lo studio della leva, dell'equilibrio dei corpi appoggiati e dei corpi sospesi (ripeto, meglio dire corpi appesi), anche da Galilei, sono stati condotti con i postulati:

a) la gravezza dei corpi è immutabile;

b) le direzioni delle gravezze dei corpi (verticali) sono rette parallele.

3.3.2 *Sui corpi galleggianti*

Lo studio sui corpi galleggianti, anche da Galilei, è stato condotto ritenendo i liquidi incomprimibili, aventi gravezza specifica uniforme.

Le direzioni delle gravezze dei corpi, le verticali, sono sempre rette parallele.

3.3.3 *Confronto tra i due studi*

Dal confronto tra i due studi, separati l'uno rispetto all'altro, ne consegue che:

a) la gravezza dei corpi è sempre immutabile;
b) le direzioni delle gravezze (le verticali) dei corpi sono sempre rette parallele.

3.3.3.1 *La leva*

Galilei, come Stevino, il primo postulato di Archimede relativo alla leva "*due corpi a simmetria bilaterale sono in equilibrio*" lo mantiene. Invece, quello relativo alla seconda parte della leva stessa "*si ha equilibrio anche quando i corpi sono inversamente proporzionali ai rispettivi bracci*" non lo accetta e lo dimostra.

Questa scelta di Galilei, come quella di Stevino, di non accettare il postulato relativo alla seconda parte della leva, ed invece di dimostrarlo, è palesemente una critica nei confronti di Archimede che imposta i suoi studi su postulati.

Questo comportamento di Galilei, come quello di Stevino, però, manifesta una profonda contraddizione maieutica; lui dimostra la seconda parte della leva sempre in forza del primo postulato.

Come già per Archimede, ora anche per Galilei, come per Stevino, il primo postulato e la dimostrazione della seconda parte della leva, aventi come presupposto i due precedenti postulati (la gravezza dei corpi è immutabile; le direzioni delle gravezze dei corpi sono rette parallele), condiviso da tutti fino a oggi, non può più essere ritenuto valido per due motivi:

a) come per Archimede, era già contrastante in sé per le direzioni delle verticali; un conto è utilizzarlo per fini pratici, tutt'altro conto è utilizzarlo oggi per fini didattici e teorici scientifici;
b) è caduto il postulato "la gravezza dei corpi è immutabile".

Come già detto, lo studio dettagliato è quello già formulato nel precedente 3° lavoro.

3.3.3.2 *Corpi appoggiati*

Valgono gli stessi argomenti già riportati per Archimede.

3.3.3.3 *Corpi appesi*

Valgono gli stessi argomenti già riportati per Archimede.

3.3.3.4 *Corpi galleggianti*

Galilei lo studio dei corpi galleggianti lo ha condotto, sempre come modello teorico, ipotizzando un liquido incomprimibile, avente gravezza specifica uniforme, contenuto in un recipiente con pareti verticali, il corpo poteva essere un "cilindro retto" o "un prisma retto".

Come per Stevino, dal confronto delle due gravezze specifiche, quella del liquido (gr_l) e quella del corpo considerato (gr_c), dimostra i tre possibili stati:

a) $\mathbf{gr_l > gr_c}$ corpo in stato di galleggiamento (corpo parte nel liquido e parte in aria);
b) $\mathbf{gr_l < gr_c}$ corpo affondato (corpo interamente sul fondo);
c) $\mathbf{gr_l = gr_c}$ corpo in stato di equilibrio indifferente (corpo al di sotto della superficie libera del liquido, a qualsiasi profondità, senza toccare il fondo).

Lo stato di galleggiamento ($\mathbf{gr_l > gr_c}$) e quello di corpo affondato ($\mathbf{gr_l < gr_c}$) quotidianamente lo sperimentano tutti: questi principi teorici concordano con quelli della natura.

Lo stato di equilibrio indifferente ($\mathbf{gr_l = gr_c}$) "corpo al di sotto della superficie libera del liquido, *a qualsiasi profondità*, senza toccare il fondo", invece, è in contrasto con il principio teorico formulato da Archimede che non prevedeva la possibilità per il corpo di poter essere "*a qualsiasi profondità*".

Per comodità di lettura riporto, ancora una volta, la preposizione III di Archimede:
- preposizione III - "*Corpi solidi dello stesso peso del liquido, se immersi in questo, s'immergeranno senza discendere in alcuna loro parte sotto la superficie del liquido, né precipiteranno sul fondo".*

Questo contrasto, come già visto per Stevino, è di importanza storica perché finora come didatticamente riportato nei libri di testo (alcuni con la formulazione di Stevino e altri con la formulazione di Galilei), nessuno lo aveva visto.

E ancora, la previsione teorica di equilibrio indifferente di Stevino e di Galilei non è stata mai confermata da nessun esperimento.

Come già detto, nel mio 2° e 3° lavoro ho fatto vedere che la preposizione III di Archimede è corretta ma incompleta, perché non prevedeva le altre infinite posizioni di equilibrio stabile a qualsiasi profondità; invece, la formulazione di Stevino e di Galilei è sbagliata.

L'errore di Galilei, come quello di Stevino è la conseguenza di un postulato errato, quello di aver considerato i liquidi con "*gravezza specifica uniforme*".

Come già detto, i miei esperimenti in acqua mostrano che la densità dei liquidi non è costante, ma aumenta con la profondità. Inoltre, nel mio 3° lavoro ho già evidenziato che essa dipende anche dalla forma dei contenitori; per la conseguente verifica sperimentale, come già detto, necessitano contenitori non di uso corrente.

Come già anticipato, uno studio dettagliato cui corpi galleggianti, mirato allo stato di galleggiamento e a quello di corpo sospeso in acqua, sarà eseguito nel prosieguo di un altro lavoro.

3.3.3.5 *Piano orizzontale – Principio d'inerzia*

Come sappiamo, vedasi il mio 3° lavoro, in forza del postulato di Archimede "*le direzioni delle gravezze dei corpi (verticali) sono rette parallele*", Galilei ha formulato il principio d'inerzia (primo principio della dinamica):

"*Un corpo persevera nel suo stato di quiete o di moto rettilineo uniforme fino a quando una causa esterna non modifica tale stato di quiete o di moto rettilineo uniforme*".

Tale principio, condiviso da tutti fino a oggi, come l'equilibrio indifferente, invece, in natura non esiste. Infatti, a causa della direzione radiale della verticale, la forza peso va scomposta secondo due componenti:

a) la prima ortogonale al piano orizzontale d'appoggio che non ha nessun effetto perché viene equilibrata dalla reazione vincolare;
b) la seconda parallela al piano orizzontale d'appoggio che per avere verso diretto nella posizione iniziale, determina di conseguenza, in un primo momento un moto ritardato fino a fermarsi, in un secondo momento un moto accelerato di verso opposto.

3.3.3.6 *La forma dei corpi solidi*

Galilei, ripetutamente, nei suoi lavori si pone il problema se la forma del corpo potesse mutare la sua gravezza. La sua conclusione è sempre stata che la forma non influenza la gravezza del corpo.

In particolare, in occasione dello studio del galleggiamento dei corpi (INTORNO ALLE COSE CHE STANNO IN SU L'ACQUA O CHE IN QUELLA SI MUOVONO) la sua conclusione è sempre stata "*Che la diversità di figura data a questo e a quel solido non può esser cagione in modo alcuno dell'andare egli, o non andare, assolutamente al fondo o a galla; sì che un solido che figurato, per esempio, di figura sferica va al fondo, o viene a galla, nell'acqua, dico che, figurato di qualunque altra figura, il medesimo nella medesima acqua andrà o tornerà dal fondo, né gli potrà tal suo moto dall'ampiezza o da altra mutazione di figura esser vietato e tolto.*".

Cap.IV Moderno da Newton a Eötvös

4.1 Newton

Newton istituisce la legge di attrazione gravitazionale universale, in base alla quale la gravità (peso) dei corpi varia con la loro posizione (variazione della distanza del centro di massa del corpo considerato rispetto al centro della terra). Inoltre, Newton è anche il Padre del calcolo infinitesimale.

Nonostante tutto questo, erroneamente, Newton afferma che:

a) peso e massa del corpo sono proporzionali, quando invece il corpo avente massa proporzionale "n volte" quella di un dato corpo, per non poter aver il centro di massa alla stessa distanza di quello del corpo dato, bensì per forza di cose ad una distanza maggiore, non può avere il peso proporzionale "n volte" quello del corpo dato, ma ha un valore leggermente inferiore;
b) la forma non influenza il peso del corpo considerato (escluso la forma cubica, di cilindro equilatero e quella sferica), quando invece pur restando immutata la forma geometrica, al variare della posizione del corpo sulla superficie terrestre (così variando la forma gravitazionale), così cambiando la distanza del centro di massa del corpo, conseguentemente, muta il peso del corpo stesso;
c) la forma non influenza il peso del corpo considerato (escluso la forma cubica, di cilindro equilatero e quella sferica), quando invece pur restando immutata la quantità di materia che costituisce il corpo, ma realizzando corpi con forma diversa (così variando la

forma gravitazionale), così cambiando la distanza del centro di massa dei corpi, conseguentemente, muta il peso dei corpi stessi.

Queste sue conclusioni sono contenute nel suo studio "*Sistema del Mondo*" (libro terzo):

Corollario 1. - "*Quindi i pesi dei corpi non dipendono dalla forma o dalla aggregazione. Perchè se cambiassero con la forma sarebbero ora maggiori ora minori secondo le varietà delle forme, a pari quantità di materia. Ma ciò è contro ogni esperienza.*";

Corollario 2. - "*Tutti i corpi che si trovano attorno alla Terra gravitano su di essa, ed i loro pesi – ad egual distanza dal centro della Terra stessa – sono direttamente proporzionali alle loro masse.*".

Tutto ciò, senza nulla dire in merito agli effetti della forma sull'inerzia rotazionale, oggetto dello studio nel prosieguo di un altro lavoro, per cui la legge di Newton sull'attrazione gravitazionale non può essere universale:

1) la forma non influenza gli effetti inerziali "*traslativi*";
2) la forma influenza gli effetti inerziali "*rotazionali*".

Nessuno fino a oggi ha visto questo errore che, cosa importante, non è sempre della stessa entità ma, come manifestato nel 1° lavoro, è massimo sulla superficie terrestre.

Inoltre, tale errore è maggiore in quei corpi che hanno:

a) a pari massa, densità minore;
b) a pari massa, forma che determina una distanza del centro di massa "dc" maggiore;
c) a massa diversa, all'aumentare della massa stessa.

Newton, che tanti esperimenti ha fatto, in particolare per cercare l'influenza della diversa natura della materia sulla massa inerziale e sulla massa gravitazionale (tanto lavoro invano), nulla ha fatto per lo studio dei corpi galleggianti. Tale studio, invece, era l'unica strada per poter accertare l'influenza della forma dei corpi solidi sul peso dei corpi stessi.

Pertanto, Newton, suo malgrado, pur sapendo che il peso di un corpo deve variare con la sua posizione, altitudine rispetto alla superficie terrestre (influenza della forma dei corpi solidi), all'errore già millenario, dovuto alla sbagliata conoscenza istintiva, di ritenere la gravezza (ora peso) dei corpi immutabile, aggiunge quello nuovo di continuare a ritenere invariato il peso del corpo, confermando tutte le conclusioni sbagliate di Galilei.

In forza della consapevolezza della legge di gravitazione, quindi cosciente che il peso del corpo è influenzato dalla sua forma, ho indagato la natura "*acqua bilancia naturale*" e con gli esperimenti fatti (2° lavoro) ho confermato la mia scoperta scientifica "*La forma dei corpi solidi*" che già con la sola maieutica avevo visto (1° lavoro).

4.2 Lagrange

4.2.1 *La leva*

Lagrange come Galilei e Stevino, il primo postulato di Archimede relativo alla leva "*due corpi a simmetria bilaterale sono in equilibrio*" lo mantiene. Invece, quello relativo alla seconda parte della leva stessa "*si ha equilibrio anche quando i corpi sono inversamente proporzionali ai rispettivi bracci*" non lo accetta e lo dimostra.

Questa scelta di Lagrange come quella di Galilei e di Stevino, di non accettare il postulato relativo alla seconda parte della leva, ed invece di dimostrarlo, è palesemente una critica nei confronti di Archimede che imposta i suoi studi su postulati.

Questo comportamento di Lagrange come quello di Galilei e di Stevino, però, manifesta una profonda contraddizione maieutica; lui dimostra la seconda parte della leva sempre in forza del primo postulato.

Come già per Archimede, ora anche per Lagrange come per Galilei e per Stevino, il primo postulato e la dimostrazione della seconda parte della leva, aventi come presupposto i due precedenti postulati (la gravezza dei corpi è immutabile; le direzioni delle gravezze dei corpi sono rette parallele), condiviso da tutti fino a oggi, non può più essere ritenuto valido per due motivi:

a) come per Archimede, era già contrastante in sé per le direzioni delle verticali; un conto è utilizzarlo per fini pratici, tutt'altro conto è utilizzarlo oggi per fini didattici e teorici scientifici;
b) è caduto il postulato "la gravezza dei corpi è immutabile".

Come già detto, lo studio dettagliato è quello già formulato nel precedente 3° lavoro.

4.2.2 *Corpi appoggiati*

Valgono gli stessi argomenti già riportati per Archimede.

4.2.3 *Corpi appesi*

Valgono gli stessi argomenti già riportati per Archimede.

4.2.4 *Corpi galleggianti*

Lagrange ha ripreso lo studio dei corpi galleggianti di Archimede e di Stevino, li ha confrontati e non ha visto le contraddizioni che ho manifestato già in precedenza, ritenendo così, invece, che avessero le stesse conclusioni.

Pertanto, valgono gli stessi argomenti già riportati per Stevino.

4.2.5 *Il chilogrammo massa*

La Francia all'epoca della rivoluzione istituì l'apposita commissione scientifica per la definizione delle unità di misura delle grandezze fondamentali; furono chiamati a partecipare Lagrange, Laplace, Lavoisier ed altri.

La commissione definì il chilogrammo massa come la massa di un litro d'acqua in condizioni standard.

Non essendo stata definita la forma di questo litro, poterono essere usati svariati campioni (in teoria un'infinità), che però davano per il corrispondente peso tutti valori diversi, ovviamente esclusi quelli di forma regolare (cubo, cilindro equilatero e sfera).

In questo modo, all'errore millenario di Archimede, a cui era seguito quello analitico di Newton, se ne è aggiunto uno nuovo di natura sperimentale e pratico. Inoltre, tutte le misure contenevano l'errore di ritenere che un corpo pesato avesse un sol valore quando, invece, ne aveva tanti quante erano le possibili posizioni del corpo sulla bilancia.

Successivamente gli studiosi, giustamente, ma chissà perché, si convinsero che non tutti i campioni di un litro (1 dm^3) erano corrispondenti ad 1 Kg massa. Pertanto, cambiarono la definizione, vigente fino al 20 maggio 2019, in la massa di platino-iridio di cilindro equilatero di diametro 3,9 cm conservato presso l'Ufficio internazionale di pesi e misure a Sevres, in Francia: solo casualmente fu scelta una delle forme regolari "*il cilindro equilatero*".

Comunque, restano come errori:

a) i campioni a corredo di tutte bilance non sono di forma regolare;
b) tutte le misure continuano ad avere l'errore di ritenere che un corpo pesato abbia un solo valore quando, invece, ne ha tanti quante sono le possibili posizioni del corpo sulla bilancia.

4.3 Loránd Eötvös

4.3.1 *Massa inerziale massa gravitazionale*

Loránd Eötvös ha fatto i suoi esperimenti "*bilancia torsionale*" per accertare un'eventuale differenza tra la massa inerziale e la massa gravitazionale, riscontrando una uguaglianza avente una precisione iniziale di $5x10^{-9}$ e successivamente migliorata di $3x10^{-14}$. La NASA, con diverso esperimento nello spazio, vorrebbe arrivare ad una precisione di $1x10^{-18}$.

Einstein tutta questa fatica, da Newton a oggi, la vanifica con il suo postulato di principio di equivalenza di natura (principio di equivalenza debole), per cui massa inerziale e massa gravitazionale sono una identità. Questo per Einstein però inutilmente, perché sotto tanti punti di vista ho ripetutamente confutato la teoria della relatività generale, in particolare per gli effetti della mia scoperta scientifica "*La forma dei corpi solidi*".

4.4 Mach

Mach, a cui devo gran parte della mia conoscenza storica della meccanica e della "psicologia della ricerca", nonostante il suo rigore, non ha visto nulla, cristallizzando tutti gli errori esistenti. In tal modo, suo malgrado, nonostante lui volesse una meccanica scevra dalla metafisica newtoniana, di fatto, ha spianato la strada alla relatività assiomatica di Einstein. Dopo, anche a causa della sua concezione filosofica basata sul "*monismo neutrale*", subì la critica di tanti in particolare di Lenin e dello stesso Einstein.

Cap.V Contemporaneo da Einstein a oggi

5.1 Einstein

5.1.1 *La teoria della relatività generale*

Einstein, sul presupposto dell'assiomatica "relatività speciale", dopo ha formulato la teoria della relatività generale ritenendo vigente il principio di Galilei sulla caduta libera e della correttezza del postulato di Archimede sulle direzioni delle gravezze dei corpi (verticali) come rette parallele. Einstein ha utilizzato impropriamente l'esperienza di Loránd Eötvös che mirava a valutare la differenza tra la massa inerziale e la massa gravitazionale e non già, invece, per testare la vigenza del principio di Galilei sulla caduta libera (la cui versione originaria di accelerazione gravitazionale costante, uguale per tutti i corpi, da secoli era stata superata).

Ho confutato tale teoria della relatività generale per questi motivi:

a) non si può fondare una teoria contemporanea, specialmente come quella in oggetto che vuole studiare l'intero universo, dalla sua presunta origine fino ad una possibile fine, sul presupposto dell'approssimazione millenaria di Archimede del postulato delle direzioni delle verticali pensate come rette parallele quando invece tali rette sono radiali; per questo ho mostrato che il relativo errore non supera l'approssimazione vigente di 1×10^{-14}, con il conseguente obbligo di doverne tenere conto;
b) ho mostrato la non vigenza del principio di Galilei sulla caduta libera, perché ogni corpo è soggetto ad una

propria accelerazione di gravità che è variabile, vedasi il 1° lavoro;

c) per le conseguenze della mia scoperta scientifica "*La forma dei corpi solidi*", per cui non c'è nessuna equivalenza tra il moto uniformemente accelerato e il campo gravitazionale.

5.2 Comunità Scientifica

5.2.1 *Peso e massa*

La Comunità Scientifica, circa 40 anni fa, forse per motivi commerciali, stranamente decise che con le bilance (a braccia uguali, analogiche e digitali) non si sarebbe più misurato il peso dei corpi ma la loro massa.

In questo modo agli errori preesistenti nella misura del peso, prima mostrati, si aggiunse quello di considerare questo valore, che è variabile, come la misura della massa che invece non deve variare.

5.2.2 *Nuova unità di misura del Kg massa*

Con email del 14 settembre 2017, indirizzata al Presidente della Repubblica, al Presidente del Consiglio dei Ministri, al MIUR, alla Comunità Scientifica (in particolare INFN, BIPM e INRIM), comunicavo i miei studi in merito a "La forma dei corpi solidi".
La Comunità Scientifica, in occasione della 26° Conferenza Generale Pesi e Misure tenuto a Versailles a novembre 2018, deliberò che dal 20 maggio 2019 sarebbero entrate in vigore le nuove definizioni delle grandezze fondamentali. In riferimento alla nuova definizione del kg massa, per il campione non è stata fissata né la materia e né la forma costituente. Questo comporta che due campioni di 1 Kg massa, o di qualsiasi altro valore, realizzati da Istituti Abilitati, con forme diverse o con sostanze diverse (in teoria possiamo avere due

ordini d'infinità di campioni), posti su una bilancia (*che non misura massa ma peso*) non daranno la stessa misura.

Tutto ciò a riprova che malgrado il progresso tecnologico e scientifico, come millenni or sono, ancora la Comunità Scientifica continua a confondersi e scambia il peso del corpo con la sua massa, continuando a commettere errori su errori sempre più gravi.

5.2.3 *L'inerzia*

L'inerzia che da più di due anni la Comunità Scientifica sta adottando, perpetrando l'ingiustificato rifiuto al confronto democratico e scientifico, in violazione degli obblighi Costituzionali ed Istituzionali, per gli studi che ho presentato, ha comportato l'ultimo errore in relazione alla nuova definizione del Kg massa prima mostrato.

Questa inerzia, altresì, sta comportando un ritardo in merito all'accertamento della scoperta storica in riferimento agli studi sul galleggiamento dei corpi fatti da una parte da Archimede e dall'altra da Stevino e Galilei, da tutti ritenuti concordanti, quando invece, come già mostrato, non lo sono.

Lo stesso Galilei, erroneamente, concludeva che i risultati dei suoi studi concordavano con quelli di Archimede. Nel suo lavoro, in occasione dello studio del galleggiamento dei corpi (INTORNO ALLE COSE CHE STANNO IN SU L'ACQUA O CHE IN QUELLA SI MUOVONO) la sua conclusione è stata:
"*Questo mi basta, per quanto appartiene al presente negozio, avere co' sopra dichiarati esempli scoperto e dimostrato, senza estender tal materia più oltre e, come si potrebbe, in lungo trattato; anzi, se non fosse stata la necessità di risolvere il sopra posto dubbio, mi sarei fermato in quello solamente che da Archimede vien*

dimostrato nel primo libro "Delle cose che stanno sopra l'acqua", dov'in universale si concludono e stabiliscon le medesime conclusioni, cioè che i solidi men gravi dell'acqua soprannuotano, i più gravi vanno al fondo, gli egualmente gravi stanno indifferentemente in ogni luogo, purché stieno totalmente sotto acqua.".

Come abbiamo già visto la preposizione III di Archimede non dice affatto questo ma

- preposizione III - "*Corpi solidi dello stesso peso del liquido, se immersi in questo, s'immergeranno senza discendere in alcuna loro parte sotto la superficie del liquido, né precipiteranno sul fondo*",

conclusione che è assolutamente ben diversa da quella di Galilei.

Come già detto, quello riportato nei libri di testo accademici non è la versione originale di Archimede ma è la diversa versione di Stevino e Galilei.

Questa discordanza scientifica tra la versione di Archimede da una parte, e quella di Stevino – Galilei dall'altra, pertanto, ha anche rilevanza storica.

Tutto questo è cosa di poco conto?

Per l'inerzia della Comunità Scientifica pare di si!

Ma se tutto questo non basta, la Comunità Scientifica, al più presto e comunque, deve vincere la sua inerzia. Alle due versioni precedenti contrastanti tra di loro, entrambe su modelli teorici, adesso grida a gran voce la mia scoperta storica e scientifica, essa si *sperimentale*, con la quale mostro che ci sono infinite posizioni di equilibrio stabile, a qualsiasi profondità, sotto il pelo libero dell'acqua, "corpo sospeso in acqua".

Ma perché anche l'inerziale silenzio dei mass media?

I miei studi non costituiscono notizia?

Al più presto, tutti assieme, colmi dello spirito di Giorgio La Pira, di Martin Luter King e di Gandhi, contribuiamo per la crescita della Comunità Scientifica e Sociale.

Cap.VI Un metodo

6.1 Didattica

I postulati per lo studio della natura, per la Fisica in particolare, quando usati, non possono avere la valenza che hanno in Geometria.

Tali postulati devono essere presentati, con estrema chiarezza, come una approssimazione utile per poter descrivere determinati aspetti della natura, la cui essenza rimane imperscrutabile. Pertanto dall'uso di questi postulati non possono e non devono derivarne principi, leggi di natura e, men che meno, teorie.

6.1.1 Archimede

Il concetto di equilibrio stabile o instabile, sia per i corpi appoggiati che per quelli appesi, come modello teorico, non viene meno dall'uso del postulato delle verticali intese come rette parallele in visione approssimativa.

Da questa visione approssimativa, invece, non può scaturire un principio di natura inesistente, quale quello dell'equilibrio indifferente, come modello teorico, sia per i corpi appoggiati che per quelli appesi: *la natura non è indifferente*.

I risultati dei modelli teorici devono essere confrontati con quelli derivanti da esperimenti congruenti. Per questo gli esperimenti mentali, quando utilizzati, devono essere fattibili e corrispondenti con la realtà.

6.1.2 Stevino e Galilei

Un paziente e maieutico esperimento reale o mentale di caduta libera nei liquidi, avrebbe dissolto nel nulla il postulato dell'uniformità della gravezza specifica (oggi densità) dei liquidi, in base al quale si avrebbe avuto equilibrio indifferente a qualsiasi profondità. Se durante la caduta libera il corpo resta sospeso in acqua ad una determinata profondità, come è stato possibile ritenere che con una causa esterna, spostando il corpo, verso l'alto o verso il basso, l'acqua indifferentemente lo avrebbe accettato in qualsiasi nuova posizione, *la natura non è indifferente*: attenzione ai pre-giudizi.

Galilei, mantenendo fermo il postulato di Archimede delle verticali rette parallele, dall'equilibrio indifferente dei corpi appoggiati è passato al suo principio d'inerzia: questo non è possibile.

6.1.3 Libri di testo didattici

E' giusto, nonché doveroso, che i libri di testo didattici illustrino e spieghino le leggi della Fisica con metodi e percorsi diversi.

E' impensabile che i libri di testo illustrino e spieghino le leggi della Fisica facendone derivare risultati incompleti e addirittura in contrasto, come ho avuto modo di verificare e mostrare nei miei lavori.

6.2 Ricerca Scientifica

6.2.1 Visione olistica

La Conoscenza procede con la Scienza e con la Filosofia.

E' bene che la Fisica non si trasformi in Filosofia o chissà in che altro.

La Fisica, la Scienza e la Filosofia devono stare in stretto rapporto rimanendo legate alla Società.

Tutti possono capire tutto.
Tutti possono parlare di tutto.

C'è l'etere, no non c'è l'etere c'è il vuoto; il vuoto non è vuoto ma è vuoto quantistico pieno.

Sia per il mondo macroscopico che per quello microscopico, di sicuro non sappiamo cos'è l'etere, cos'è il vuoto, cos'è il vuoto quantistico pieno.

So di questa entità, quale che possa essere il nome che ad essa si vuole dare, che è piena degli effetti di tutti i corpi celesti (chi sono e quanti sono??). Questi effetti li vogliamo chiamare luce, raggi …

L'uomo: corpo, mente, coscienza?

Avanti con la Didattica, con la Ricerca e con la Speculazione, ma con pazienza ed umiltà, sempre pronti al confronto democratico e scientifico, supportato da quello filosofico.

6.2.2 *La sperimentazione*

Lo studioso, da solo o in gruppo, proceda come meglio gli aggrada, ipotizzi tutti i postulati che ritiene utili, formuli qualsiasi conseguente teoria, di cui può anche portare a conoscenza la Comunità Scientifica.

Fino a quando per tale teoria, lo studioso, da solo o in gruppo, non ha presentato i necessari esperimenti che ne comprovano la fondatezza, per la Comunità Scientifica deve essere ancora come inesistente.

Da tempo vige il principio del filosofo Karl Popper, in base al quale ogni teoria scientifica per essere valida deve poter essere falsificabile.

Ritengo inutile e dannoso questo principio per due motivi:

1) chiunque può confutare qualsiasi teoria ritenendola una teoria non falsificabile;
2) pone agli altri l'onere di dimostrare l'infondatezza di una teoria, così s'invertono i ruoli.

Pertanto ritengo come inesistente tale principio della falsificazione del filoso Karl Popper.

Una teoria suffragata da esperimenti è divenuta legge. Non per questo, altri che ne comprovano le contraddizioni o con altri esperimenti ne evidenziano l'infondatezza, non la possano integrare, correggere e confutare: anzi!

Auspico che la Comunità Scientifica recepisca anche questo mio convincimento scientifico e filosofico.

6.2.3 *La forma dei corpi solidi*

L'esperienza derivante dalla mia scoperta scientifica "*La forma dei corpi solidi*", quando al più presto recepita dalla Comunità Didattica – Accademica – Scientifica, darà la possibilità di indagare più in dettaglio, *sempre in visione approssimativa*, tanti aspetti della natura che in mancanza di idonee apparecchiature non posso portare avanti.

Uno per tutti, da "*La forma dei corpi solidi*", come già ho evidenziato, scaturisce "*La forma dei contenitori dei fluidi*" per studiare più approfonditamente il loro comportamento, in particolare quello dei gas. Come saranno influenzati i calcoli in merito alla costante di Boltzmann, alla costante e al numero di Avogadro?

Da subito l'applicazione di questa scoperta consentirà di eseguire misurazioni più accurate in tutti i campi, in particolare per la fisica quantistica per poter ricalcolare con maggiore precisione i valori della massa e della carica elettrica delle particelle atomiche.

6.2.3 *La scoperta storica*

La scoperta storica relativa all'accertamento delle due versioni sullo studio dei corpi galleggianti, prima illustrate, deve essere l'occasione affinché i risultati degli studi del passato, specialmente quelli privi di conferme sperimentali, oggi possano essere rivisti con nuovo spirito critico, stimolando l'impegno di tanti.

Ben vengano gli studi sul macrocosmo e sul microcosmo, non dico prima, ma contemporaneamente c'è tanto lavoro di approfondimento nell'ordinario.

Epilogo

Per Amore della ricerca della Verità per la Conoscenza il confronto "*Democratico e Scientifico*" deve esserci sempre: nessuno si può esimere da quest'obbligo.

L'esperienza di questi anni deve essere da monito per la storia futura, a buon pro per tutti.

Non uno.

Non cento.

Ma mille Odisseo.

Nessun gigante.

Con l'arte di Socrate "né maestri e né discepoli".

Per la Pace e la Serenità.
A Giorgio La Pira, a Martin Luther King e a Gandhi che sono la *mutua attrazione reciproca trasfigurata*.

Ringraziamenti

Un grazie a Salvatore Colombo con il quale, non causalmente, ho iniziato la mia evoluzione.
Grazie a mio nipote Mauro Scala che è stato il porto di riferimento e di sicurezza per tutto il mio lavoro.
Grazie a mio figlio Pietro che ha redatto i disegni.

Grazie a Carmelo Vindigni.

www.ingramcontent.com/pod-product-compliance
Ingram Content Group UK Ltd.
Pitfield, Milton Keynes, MK11 3LW, UK
UKHW021654190726
13853UKWH00001B/263

9 788893 987912